停不下来的数学思维游戏

·平面连线大作战·

[日]稻叶直贵 著
杜雪 译

中信出版集团 | 北京

图书在版编目（CIP）数据

停不下来的数学思维游戏．平面连线大作战 /（日）稻叶直贵著；杜雪译．-- 北京：中信出版社，2022.3

ISBN 978-7-5217-3864-3

Ⅰ．①停… Ⅱ．①稻… ②杜… Ⅲ．①数学－少儿读物 Ⅳ．① O1-49

中国版本图书馆 CIP 数据核字 (2021) 第 270773 号

停不下来的数学思维游戏·平面连线大作战

著　　者：［日］稻叶直贵
译　　者：杜雪
出版发行：中信出版集团股份有限公司
　　　　　（北京市朝阳区惠新东街甲4号富盛大厦2座　邮编　100029）
承 印 者：北京启航东方印刷有限公司

开　　本：787mm × 1092mm　1/16　　印　　张：2.25　　字　　数：30千字
版　　次：2022年3月第1版　　印　　次：2022年3月第1次印刷
京权图字：01-2021-7087
书　　号：ISBN 978-7-5217-3864-3
定　　价：118.00元（全6册）

出　　品：中信儿童书店
图书策划：橡果童书　　策划编辑：常青　于淼　　责任编辑：李跃娜
营销编辑：张琛　　装帧设计：李然　　内文排版：李艳芝

游戏说明

请你用直线或折线将相同的图形两两连起来，
线不能相互交叉，如例题所示。

例题

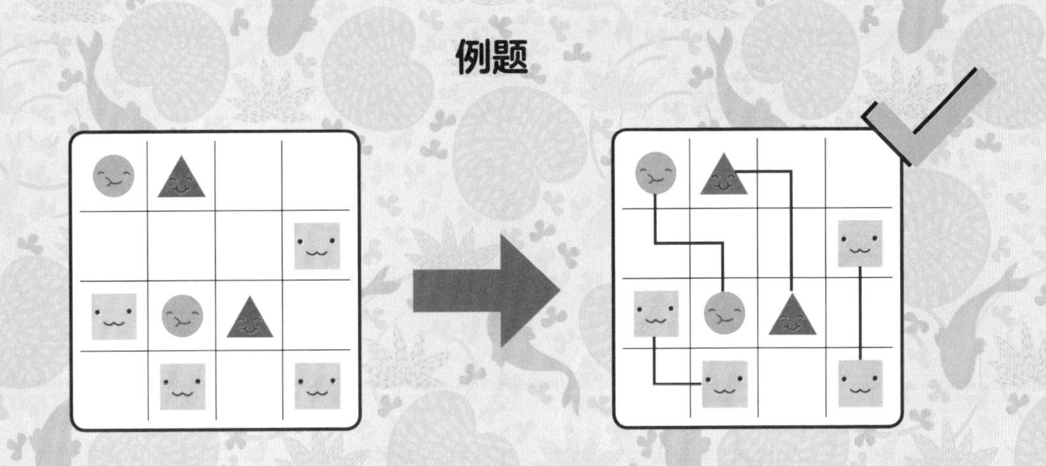

每个题目只有一个答案。

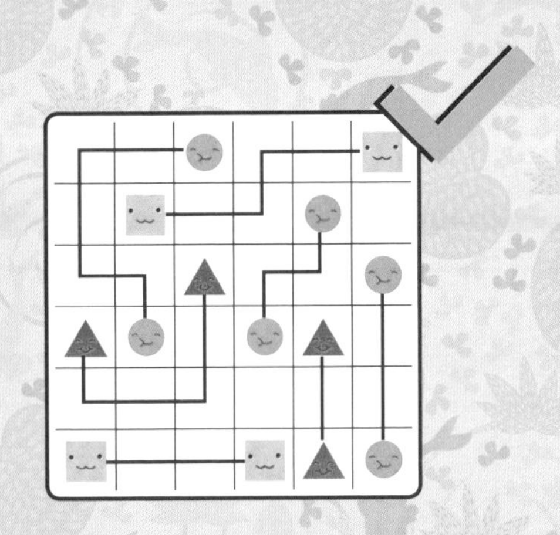

不必使用全部的空格。

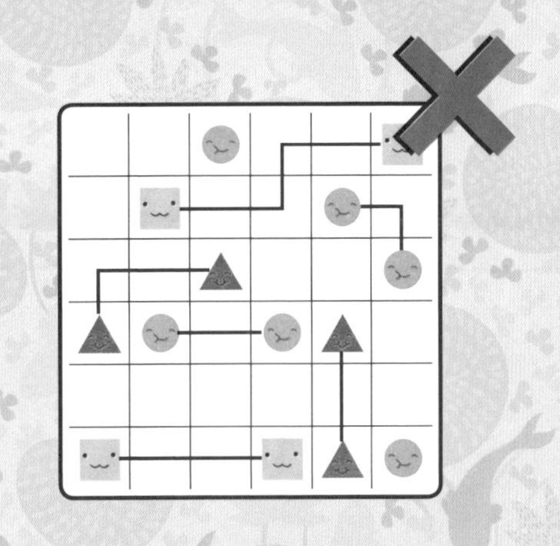

这是错误的答案，
因为有的图形并没有被连起来。

4

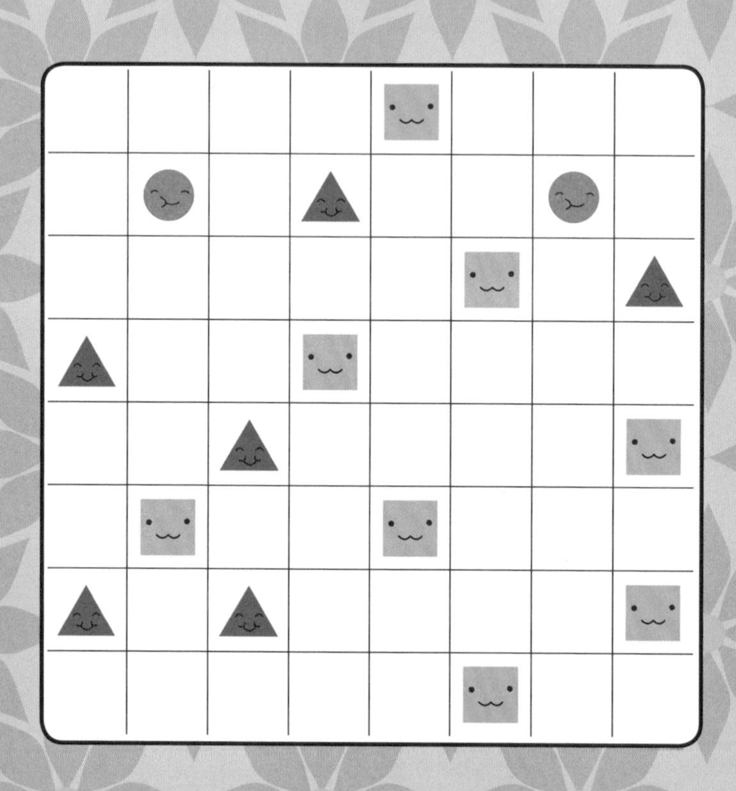

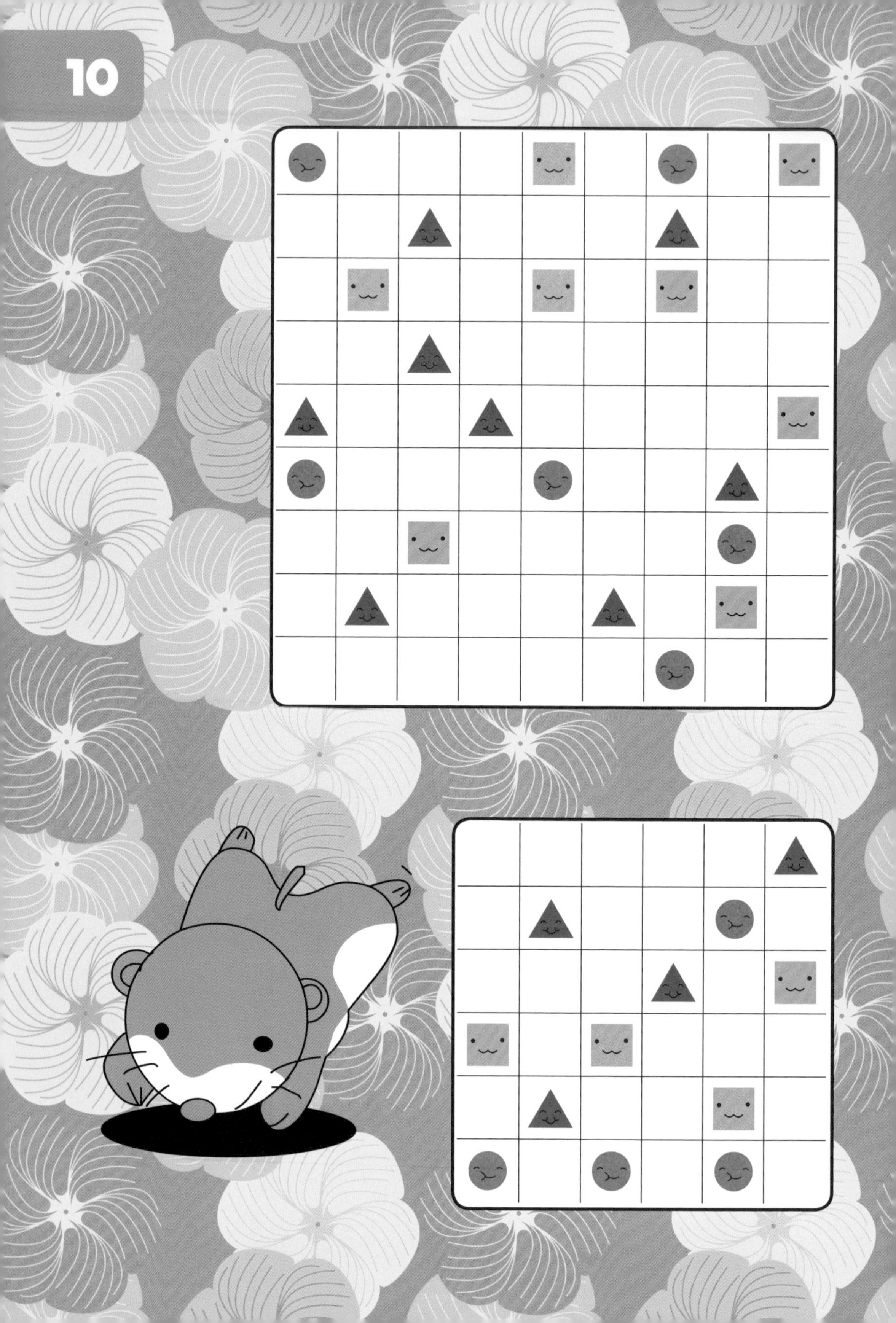

12

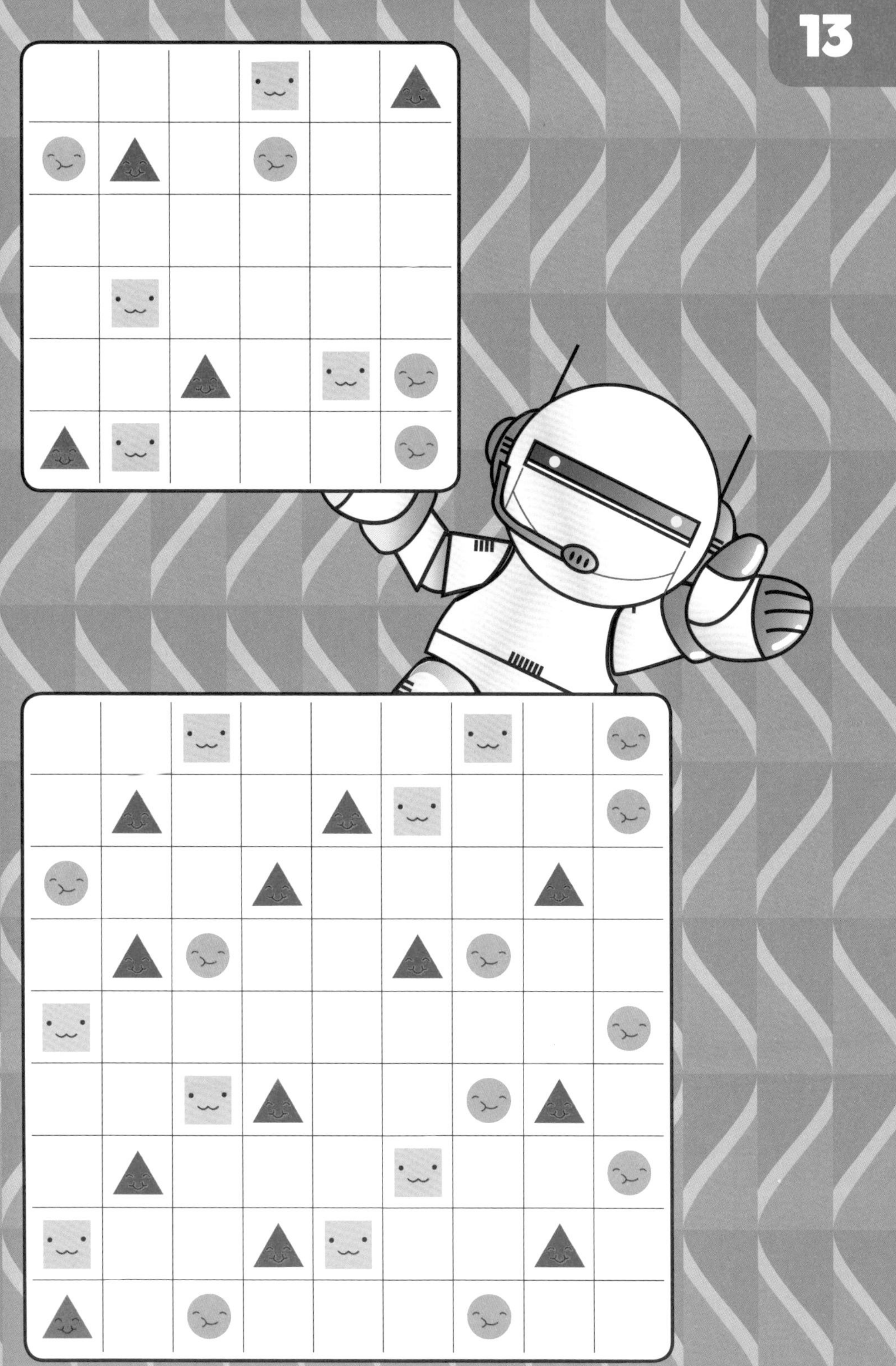

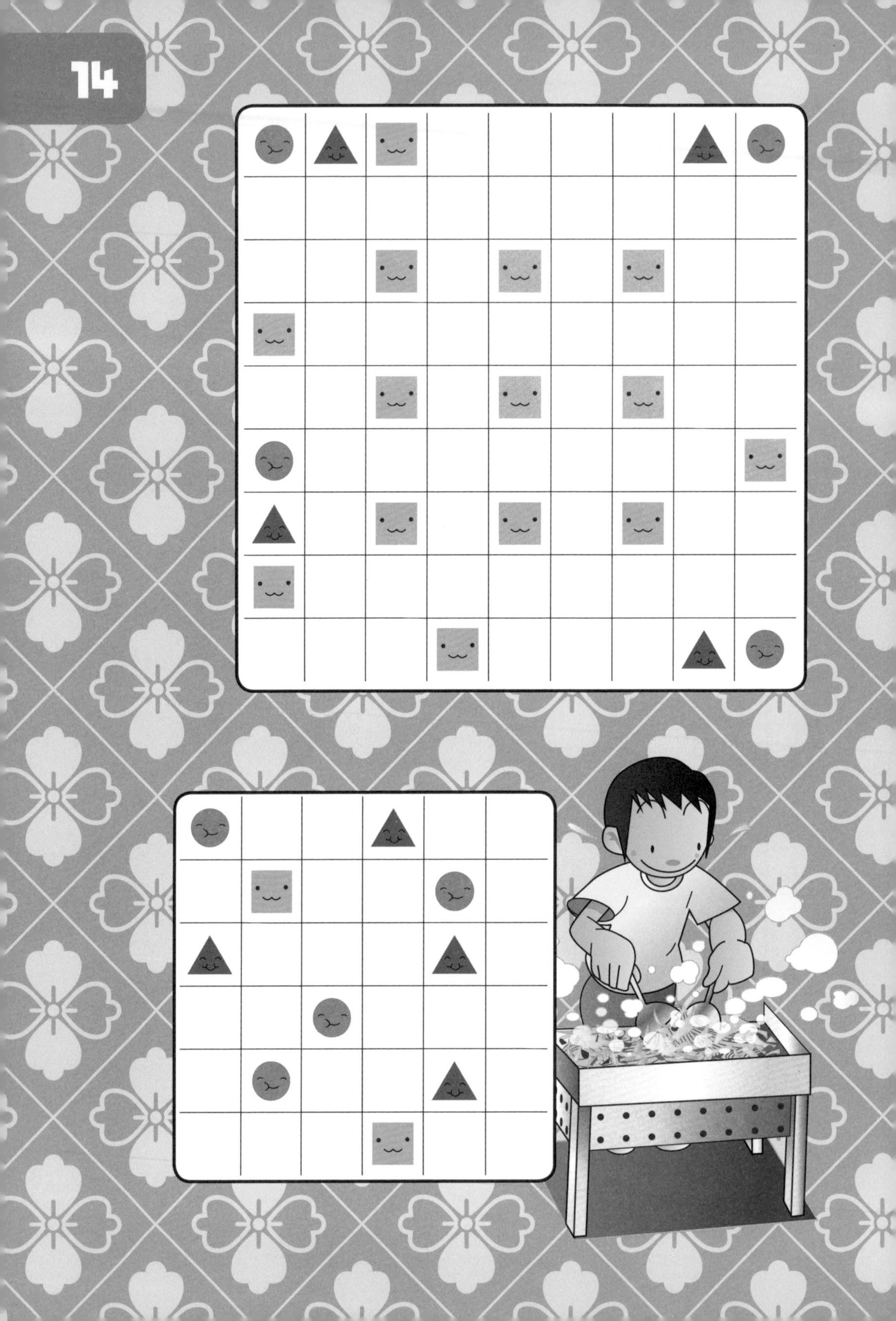

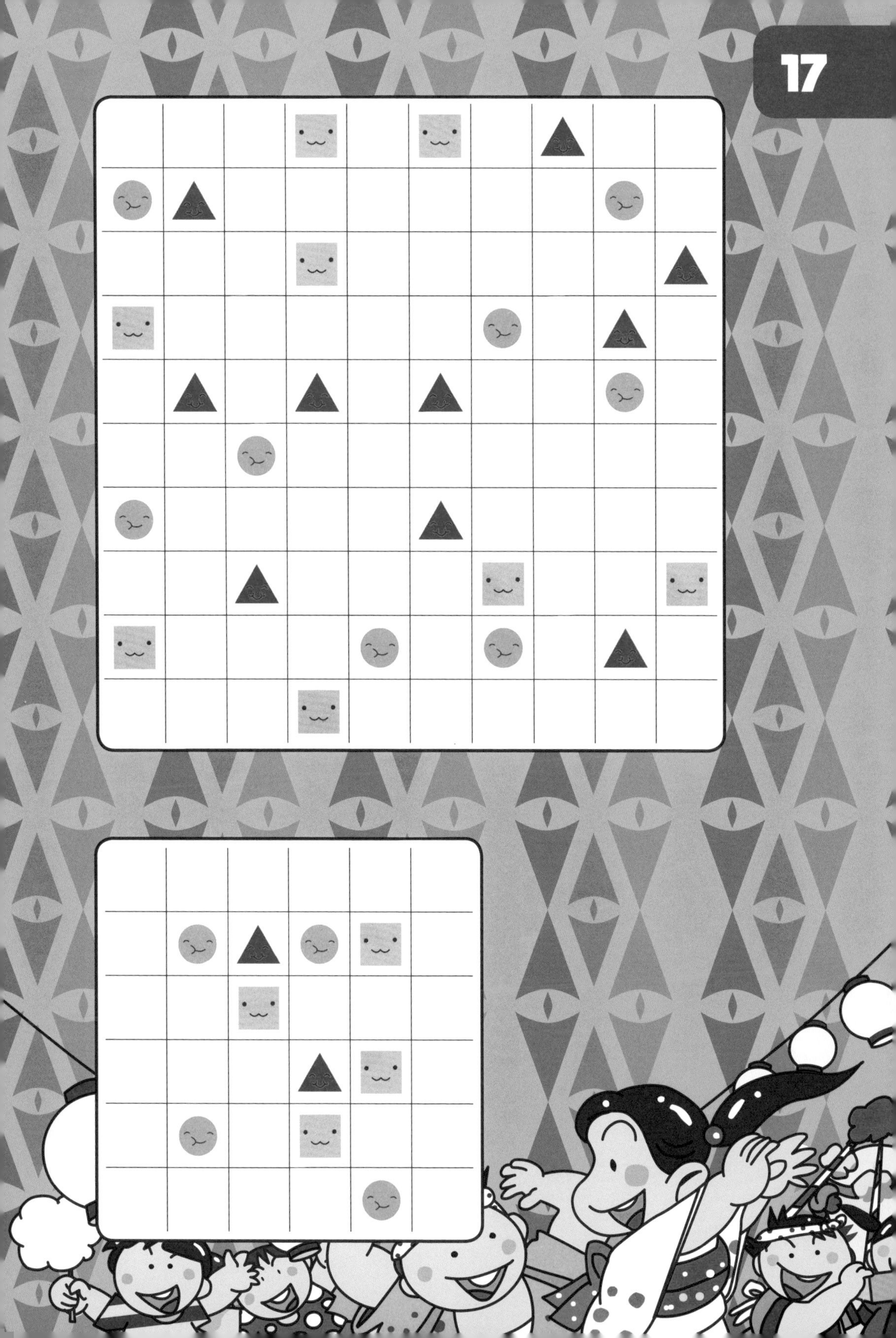

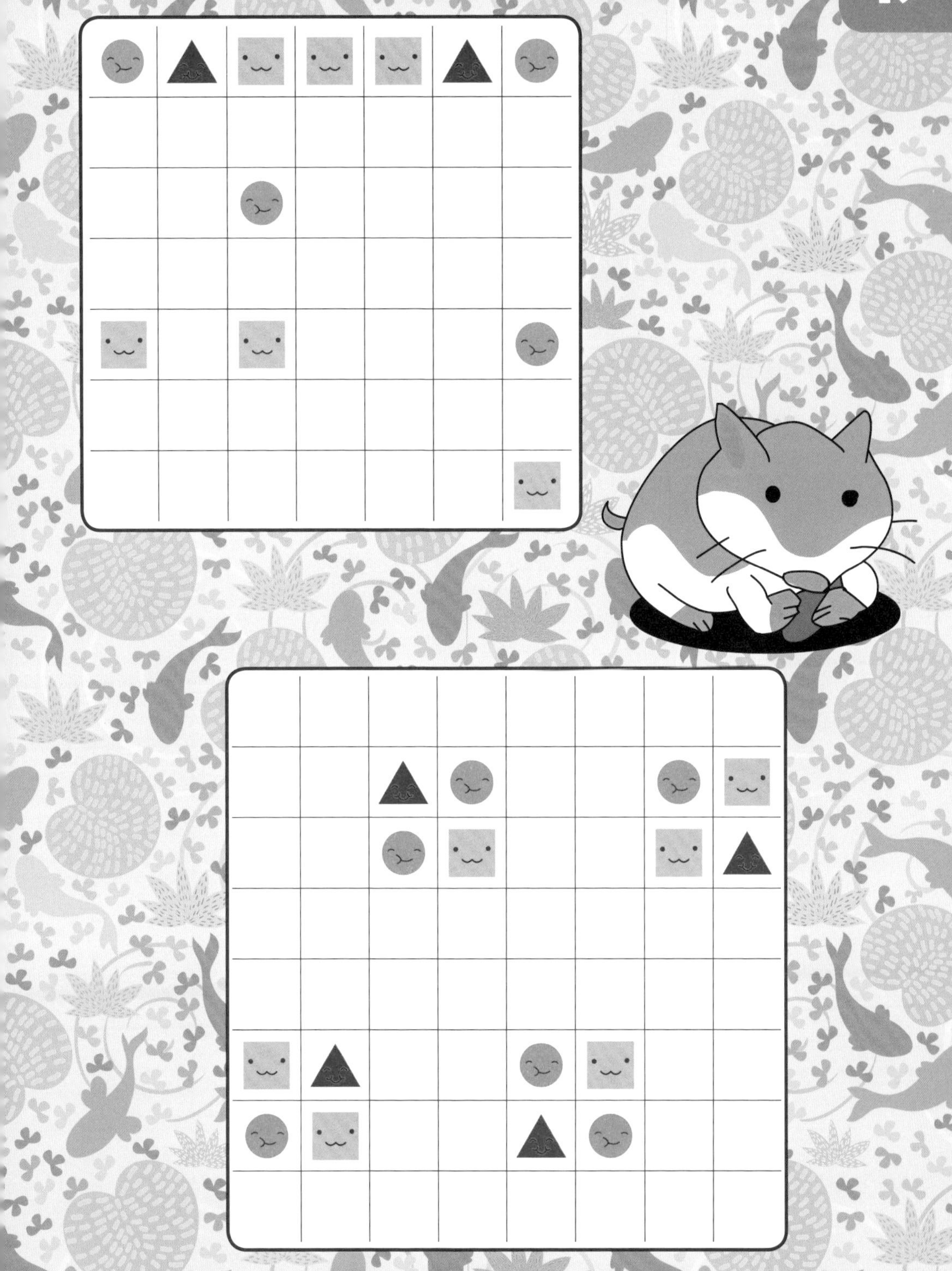

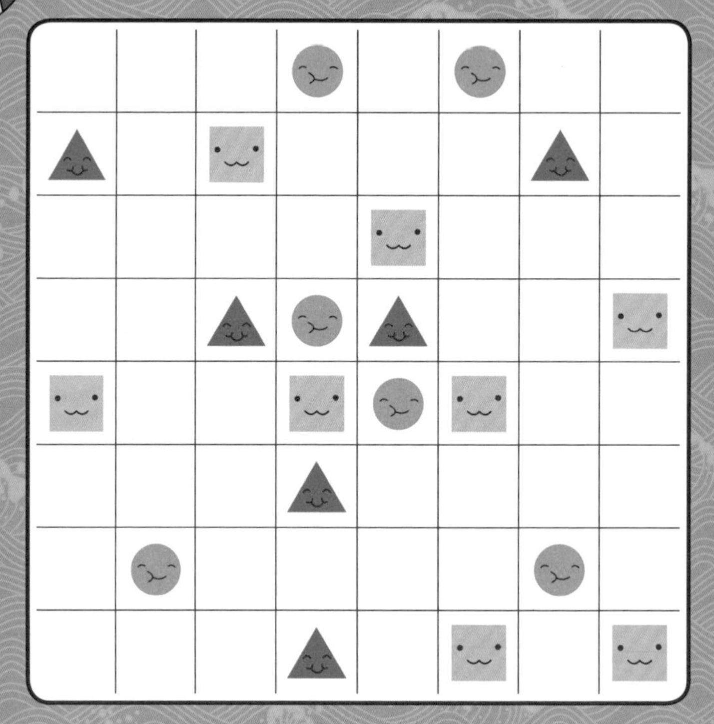

24

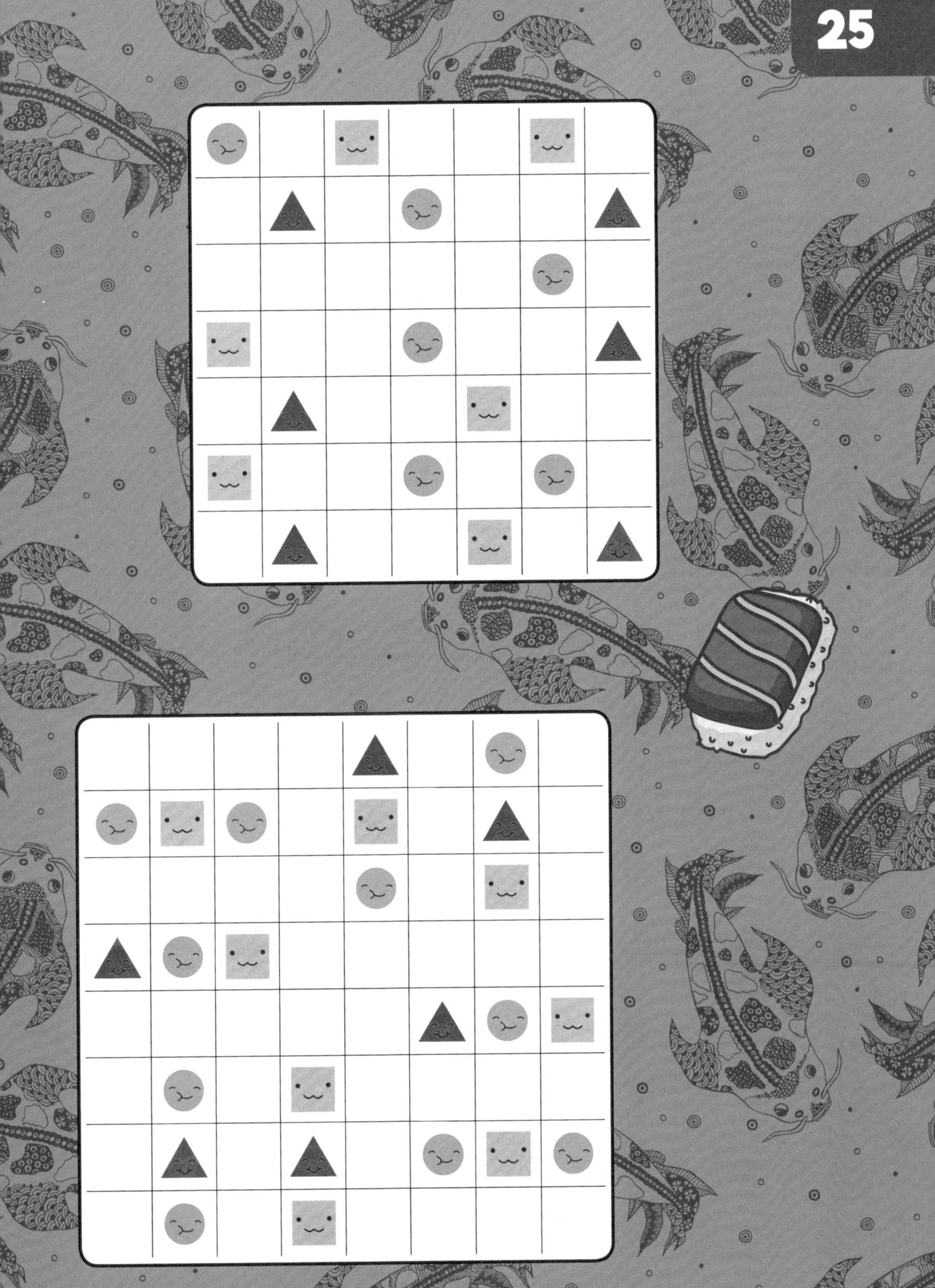

答案

第 2 页

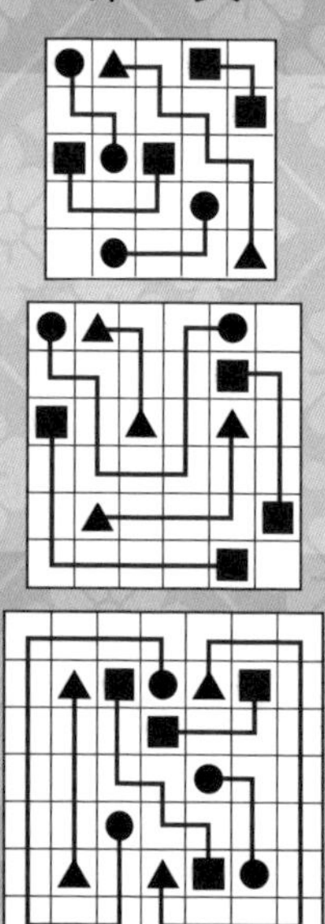

第 3 页

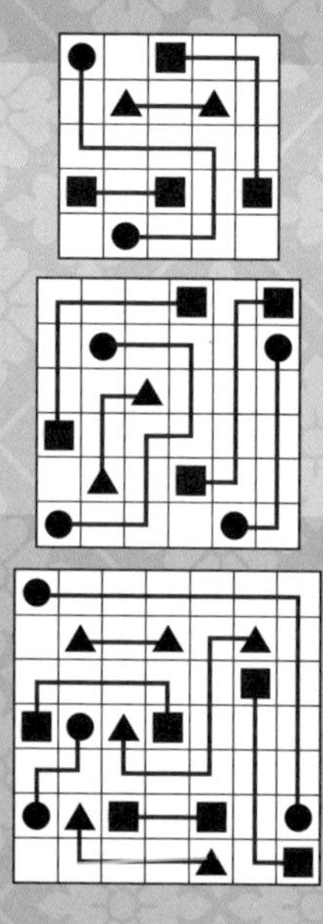

第 4 页

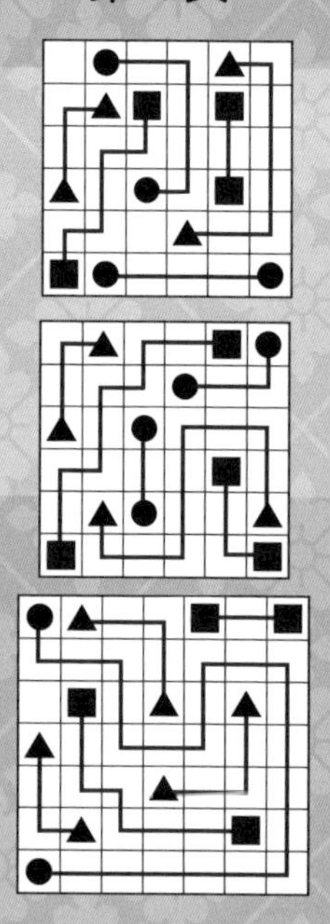

第 5 页

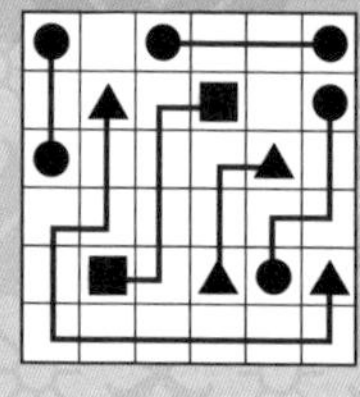

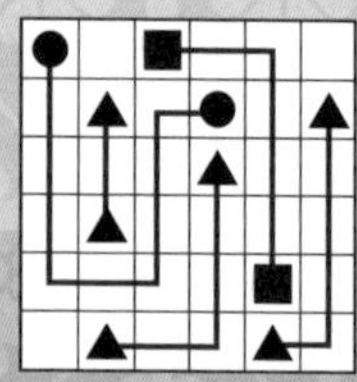

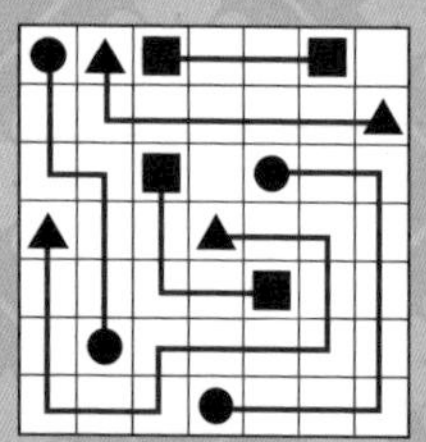

第 6 页

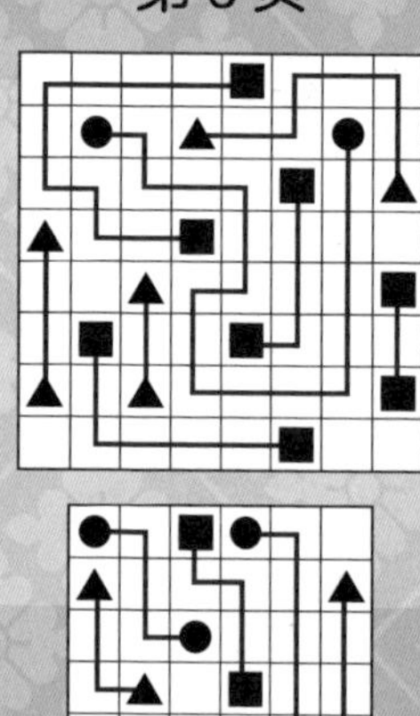

第 7 页

第 8 页

第 9 页

第 10 页

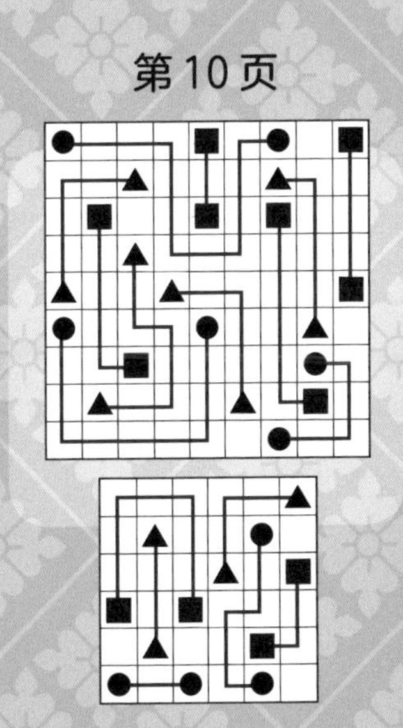

第 11 页

第 12 页

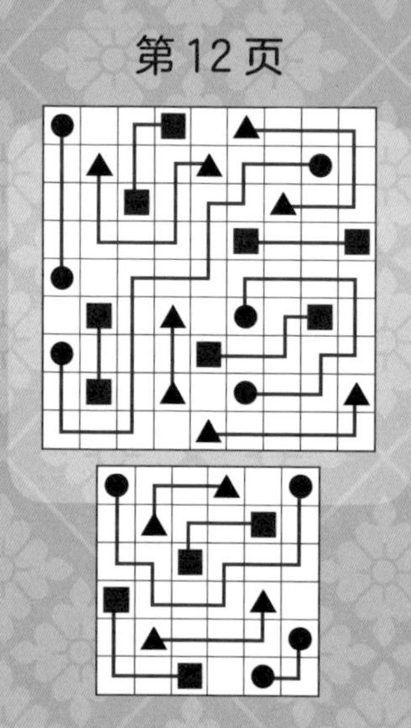

第 13 页

第 14 页

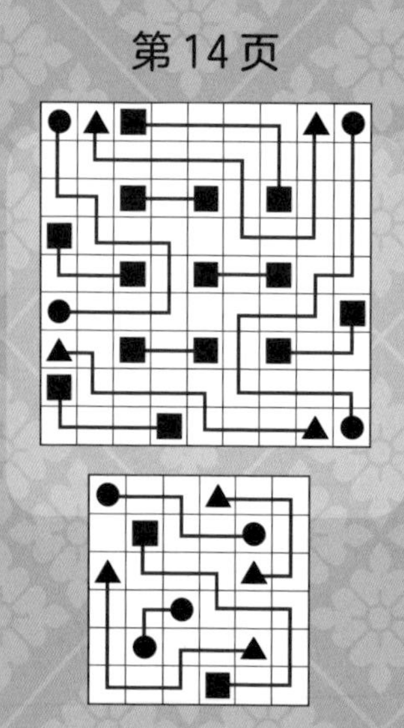

第 15 页

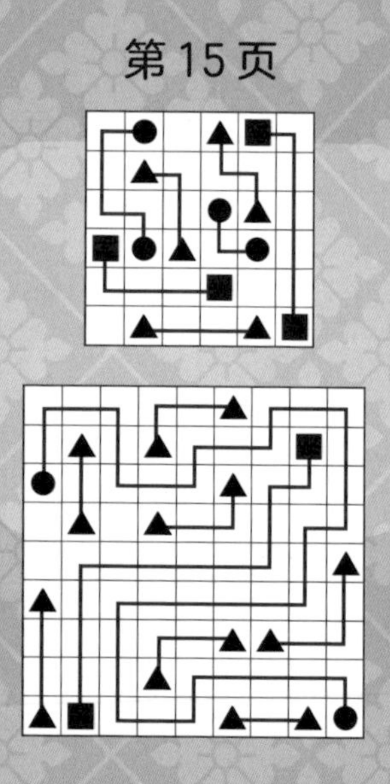

第 16 页

第 17 页

第 18 页

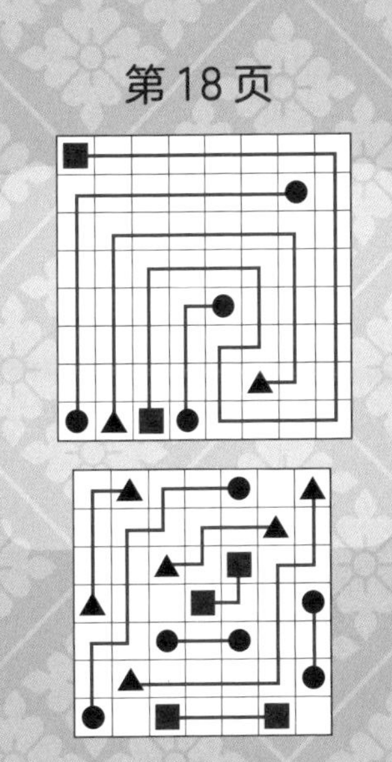

第 19 页

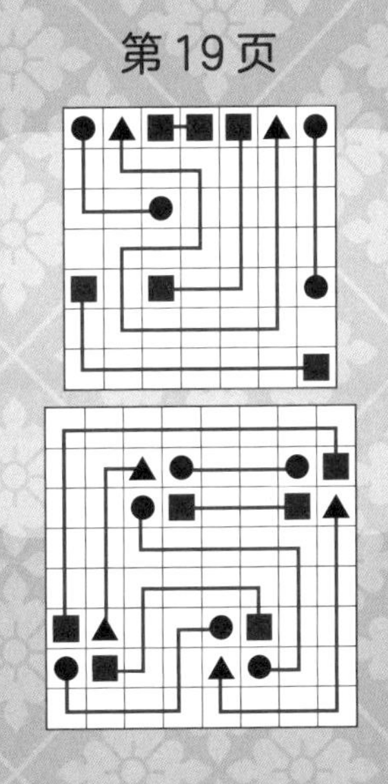

第 20 页

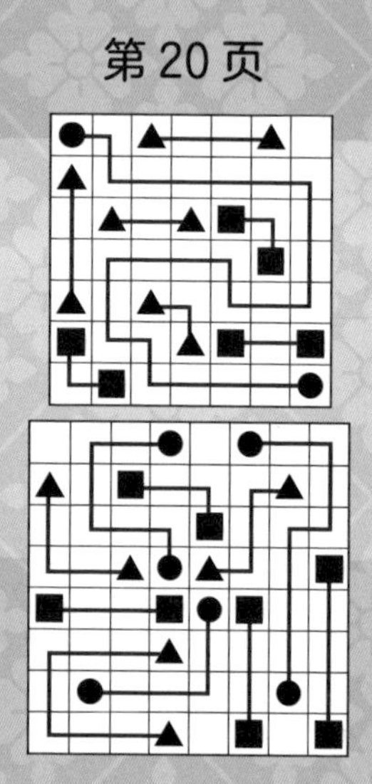

第 21 页

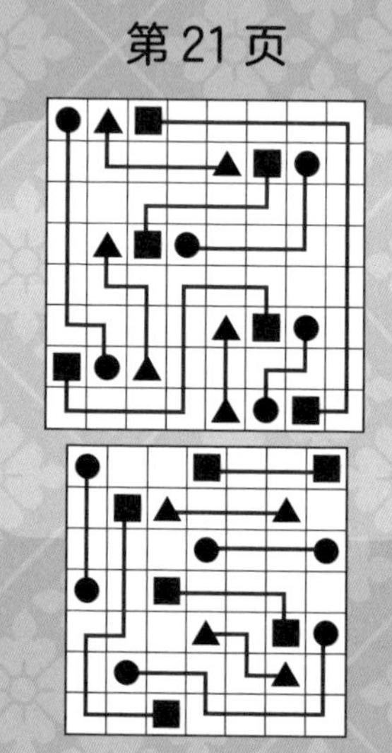

第 22 页

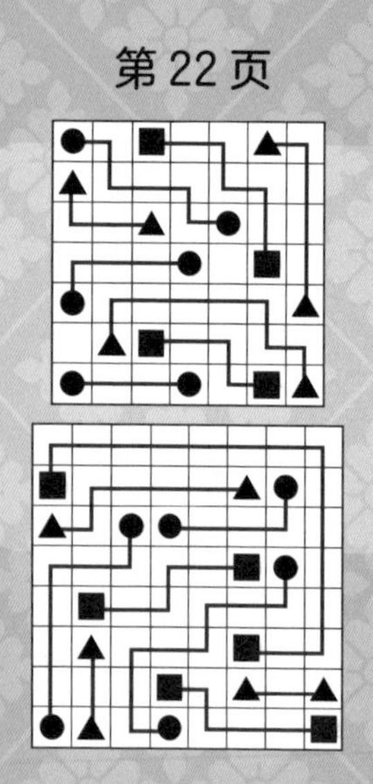

第 23 页

第 24 页

第 25 页

第 26 页

第 27 页

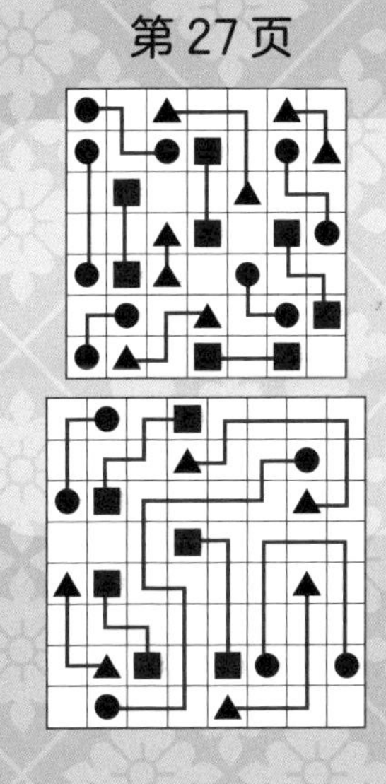